让爱犬适应与人相处

对狗来说，被陌生人摸头是一件很可怕的事情。特别是耳朵、鼻子、爪子、尾巴等部位比较敏感，因为在打架时，这些部位都特别容易受伤。

如果爱犬本来就不太习惯肢体接触，却在路上被陌生人摸了头，难免会咬人。如果爱犬拒绝人类接触自己的鼻子、爪子等部位，就没办法在宠物医院进行健康检查。为了主人和爱犬都能轻松愉快地生活，应该让狗狗尽早习惯与人类互动接触。

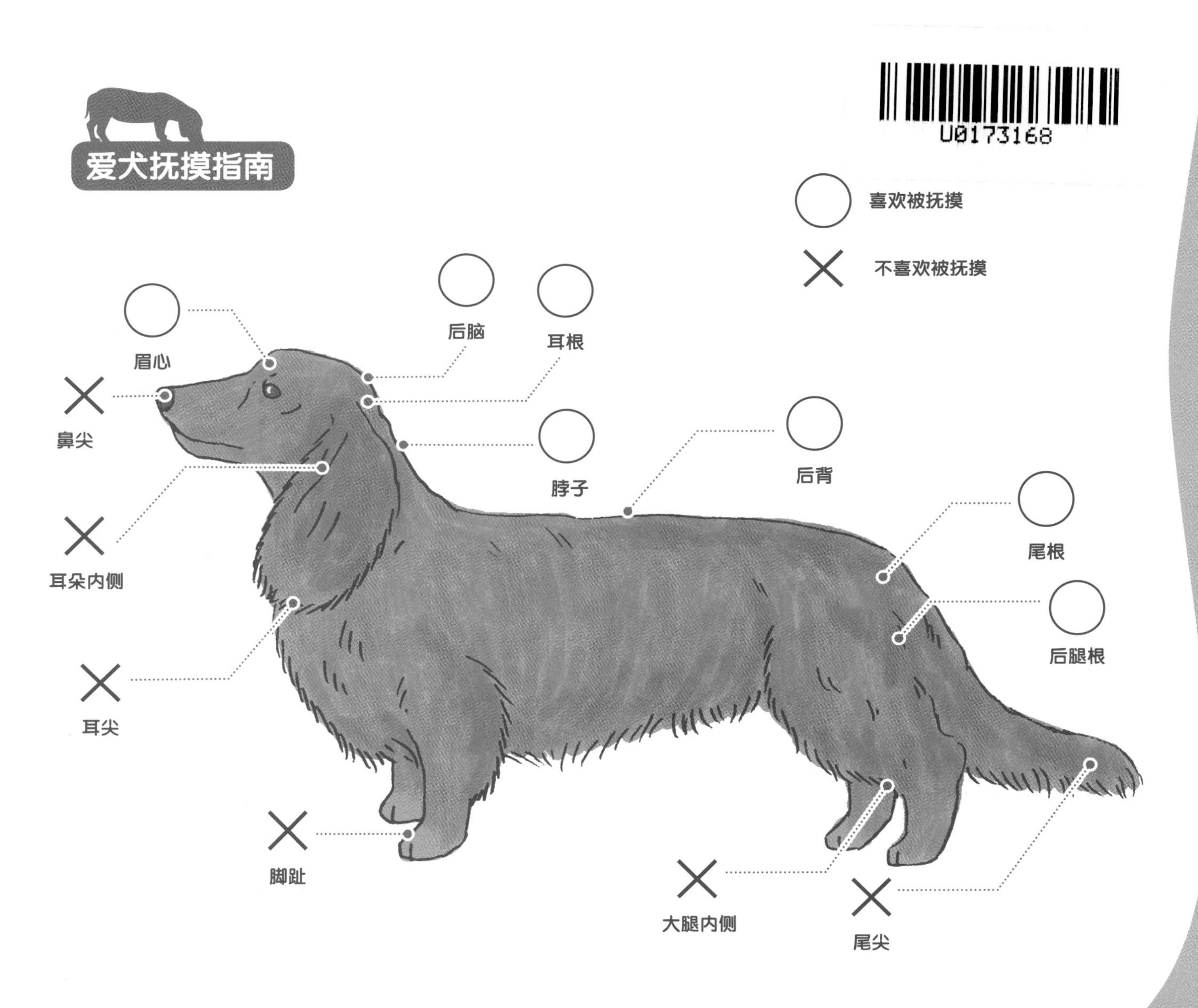

辽宁科学技术出版社
·沈阳·

狗狗这种小萌宠

狗狗大家族

从 2 万多年前起，狗就成了人类的伙伴，与人类共同生活。人类根据不同狗的各种特长，给它们分配不同的工作。经过培训和进化，不同品种的狗，各自的体态、能力、特长等区别越来越明显。按照狗的不同特点和分工，可以将它们分为猎犬、畜牧犬和协助人类工作的警犬、导盲犬等。另外，也别忘了被我们当成家庭成员一样宠爱的小狗（宠物犬）哦。

活跃在医疗领域的狗

近年来，人类对狗的能力有了新的认识和发现，于是拓展了适合狗狗的工作领域。让狗狗进入医院，在医疗领域开展工作，在以前是完全不敢想象的。

狗狗异常灵敏的“闻味道的能力（嗅觉）”一直备受关注，人类开始尝试利用犬类的这个特长来诊断疾病。研究显示，狗能够通过患者呼出的气体味道或者人类小便的味道，来判断患者体内是否有癌细胞。据说，癌变的器官会发出特殊的气味。狗通过这种特殊的气味来判断患者是否患有癌症。但目前的科学研究还不能完全解释清楚这个过程。

狗狗还有一项特殊技能值得一提，那就是“安慰”能力。许多受过良好训练的狗都可以提供“安慰”。患者与这样的狗接触、互动，能获得心灵上的安慰、生活的勇气和正能量。有些患者正是因为心灵得到了安慰，身体上的病症也有所改善。这种用小动物促进治愈的方法被称为“动物疗法”。

狗狗家族成员的代表

目 录

这本书在讲什么？

提到狗狗，你第一时间会想起什么？
是娇小可爱的茶杯犬，还是高大凶猛的藏獒，抑或是感人至深的忠犬八公？
你眼中的狗狗是调皮贪玩的机灵鬼，还是憨厚忠诚的护卫兵？
这本书带你走进名门“汪”族的世界，你要的精彩在这里！

第①章 命中注定不分离

据说，狗狗与人类的渊源可以追溯到 2 万 ~3 万年以前。在这里，你可以通过生动有趣的图画和文字，读到许多有关狗狗的故事。

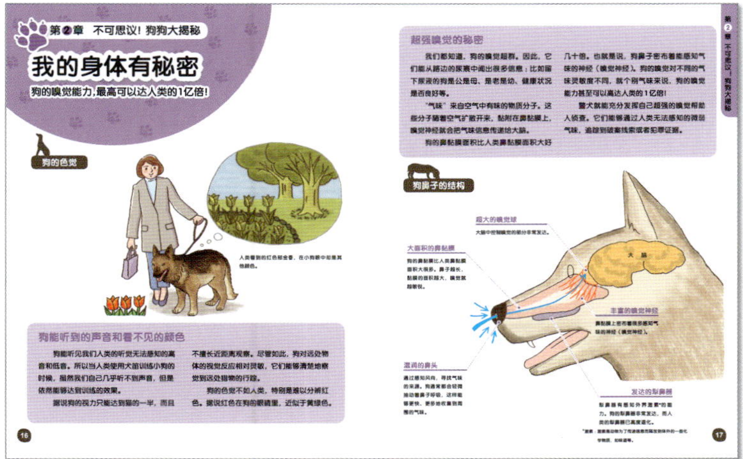

第②章 不可思议！狗狗大揭秘

活泼又机灵的小狗，你一定迫不及待想要养一只吧？养狗可不简单哦。你必备的技能与知识，全都在这里！

第③章 名犬大集合

作为人类的伴侣和助手，与我们共同生存的狗狗，源自世界各地。这里展示了 30 种最具代表性的名犬。如此惹人喜爱的小家伙，你值得拥有！

基本资料
介绍成年狗的身高、体重、特征以及性格。

插图
生动准确地描绘出各种狗的体貌、特征和性格。

相遇——狩猎让我们在一起

据说，狗的祖先其实就是原始的野狼。

大约2万年前，与生活在中亚地区（现在的蒙古地区）的人类共同捕猎的野犬

狩猎好伙伴——人类与野犬

与猫咪或者牛、马等动物相比，人类所知的狗的种类更多。我们现在所知的狗的种类已经超过了 400 种。

据说，这些长相各异的狗狗有着共同的祖先，就是很久以前从原始野狼中进化而来的野犬。虽然我们无法考证进化的准确时间点，但是可以确定的是，早在 2 万 ~3 万年之前，野犬就已经开始与人类一起生活了。

当时的人类过着集体狩猎的生活，而野犬也同样集体狩猎。所以科学家推测，从那时起，犬类就逐渐融入了人类的生活。有些野犬甚至学会了与人类协同狩猎，然后从人

类那里得到一部分猎物作为战利品。

对群居动物来说，沟通交流、彼此了解非常重要。野犬就非常善于通过叫声、表情、动作等多种方式来表达自己的情感，而且还会服从族群首领的指挥。这些习性都使野犬很适合与人类共处。

成年野犬要花费更多的时间才能适应人类生活，所以大多数人选择饲养刚出生不久的小野犬，它们在成长的过程中会自然适应人类生活。从小就与人类一起生活的小狗，很容易就能够像家庭成员一样与人类愉快地生活在一起。

人类的好帮手——加入劳动的狗

人类会利用各种犬的不同能力和性格，来完成各种各样的工作。

公元前1世纪，与凯尔特人并肩作战、抵御罗马人入侵的獒犬

牧羊犬与猎犬的诞生

野犬被人类驯服以后，不同的个体仍然具备不同的特长和性格，例如，快速奔跑、视觉发达等。人们开始根据野犬各自的特长，有针对性地进行培养。

这种有针对性的培养，大约始于1万年前。经过了漫长的岁月，现在的狗狗已经具备了与祖先野犬不一样的能力。比如，西伯利亚雪橇犬等，能够在冰天雪地里从事拉雪橇的工作。还有牧羊犬，据说从很久以前牧羊犬就开始帮助牧民看守羊群了。

除此之外，人们还发现了各具特长的猎犬。有的猎犬利用非凡的视觉捕猎，有的则通过敏锐的嗅觉搜寻猎物。认识到不同犬种的不同能力后，人们就开始了专项培养。英国早期的贵族特别喜欢打猎，所以他们专门培养出了善于捕兔的猎犬和善于捕鸟的猎犬等。

体型硕大的犬和娇小可爱的犬大都来自偶然的基因变异。这种突然的变异，带来了新犬种。例如獒犬，就是在基因变异中诞生的大型犬。獒犬作为守卫犬、猎犬、军犬等，活跃在人类生活的许多重要领域。

引以为豪——你是我的骄傲

世界首次犬展是在英国举办的。

19世纪中期，英国伦敦举办的世界首次犬展

相互展示引以为豪的小狗

很久以前，人类就已经对培育各种类型的狗狗产生了浓厚的兴趣。据说，英国人最热衷于开发不同犬种。

英国人对自己饲养的猎犬、牧羊犬的高超能力非常自豪，所以很喜欢把自己的狗带到公众场合展示、炫耀一番。这种展示经过一段时间的演化，在 1859 年正式演变成为世界首次犬展。到场参加犬展的有 60 多只猎犬。

从那以后，犬展开始在英国以及世界范围内盛行。与此同时，参展的犬种也不断增加，因此催生了专门组织和运营犬展的机构。1873 年，“伦敦犬业俱乐部”在英国成立。伦敦犬业俱乐部建立了犬展规则，规范了犬类血统证明书的格式，最重要的是，明确了犬种标准。

犬种标准对每种狗的耳朵大小和形状、体态特征、尾巴长度等进行了明确规范，描述了各个犬种的理想形态。犬展上，评委们会参考相应的犬种标准，对出场的小狗逐一评价。

忠心耿耿——此生只为一人等

10年间风雨不误，忠犬八公每天都去车站，等待主人回家。

在涉谷车站等待上野博士回家的忠犬八公

上野博士与忠犬八公

在日本东京涉谷车站前，有一座小狗塑像。这座塑像的原型名叫“八公”，是一只秋田犬。它 50 天大的时候，被东京大学的教授上野英三郎博士带回家收养。“八公”是上野教授的学生们对它的爱称。

八公深受上野博士和夫人八重子女士的喜爱，在博士家健康愉快地日渐长大。平日里，上野博士每天上下班，八公都迎来送往，寸步不离地陪伴主人。博士要乘坐列车出远门的时候，八公就会陪伴主人走到离家不远的涉谷车站。

这种平静而美好的生活持续了一年半就

忽然结束了——上野博士意外去世了。

不久之后，有人在涉谷车站附近发现了八公的身影。八公每天早晚都会来到涉谷车站前，坐在它熟悉的角落里，仔细地观望进出车站的人群。虽然曾被追赶，也被调皮的孩子捉弄，但是八公始终日复一日地在车站前等待……就这样整整坚持了 10 年。

1935 年 3 月 8 日，人们发现，八公在涉谷车站附近安静地离世了。据说，当时有三千多人来参加八公的葬礼，悼念这只忠心耿耿的狗。

飞向宇宙——太空环游第一狗

狗活跃在许多你意想不到的领域，甚至参与了人类的宇宙探索。

参与科学实验的小狗

19 世纪 50 年代，美国与苏联在宇宙飞船的研发上展开激烈的竞争。当时，科学家还不确定人类能否在太空中生存，所以两个国家都选择了用小动物做实验。

在太空实验中，美国选择了猴子和老鼠，而苏联选择了狗。苏联科学家认为，狗的性格比猴子更稳重。

1951 年到 1952 年，人类将 9 只狗送上了太空。小狗随着密闭的宇宙飞船，飞向高高的太空，完成实验任务以后再随宇宙飞船

乘坐“伴侣2号”围绕地球飞行的莱卡

回到地球。宇宙飞船平稳着陆后，科学家就打开舱门放出小狗。

1957 年 11 月，苏联宇宙飞船“伴侣 2 号”载着一只名叫莱卡的小狗，踏上了太空旅程。莱卡是一只曾经流浪街头的小狗。与以往不同，“伴侣 2 号”的任务并不是升空以后马上降落，而是要环绕地球飞行一周。所以，莱卡光荣地成了第一只绕地球飞行一周的动物。

此后，苏联也曾尝试把其他种类的小动物送上了太空。1966 年，科学家成功地让参与实验的小动物在太空中停留了 21 天。

我的身体有秘密

狗的嗅觉能力，最高可以达人类的1亿倍！

狗的色觉

人类看到的红色郁金香，在小狗眼中却是其他颜色。

狗能听到的声音和看不见的颜色

狗能听见我们人类的听觉无法感知的高音和低音。所以当人类使用犬笛训练小狗的时候，虽然我们自己几乎听不到声音，但是依然能够达到训练的效果。

据说狗的视力只能达到猫的一半，而且不擅长近距离观察。尽管如此，狗对远处物体的视觉反应相对灵敏，它们能够清楚地察觉到远处猎物的行踪。

狗的色觉不如人类，特别是难以分辨红色。据说红色在狗的眼睛里，近似于黄绿色。

超强嗅觉的秘密

我们都知道，狗的嗅觉超群。因此，它们能从路边的尿痕中闻出很多信息：比如留下尿液的狗是公是母、是老是幼、健康状况是否良好等。

“气味”来自空气中有味的物质分子。这些分子随着空气扩散开来，黏附在鼻黏膜上，嗅觉神经就会把气味信息传递给大脑。

狗的鼻黏膜面积比人类鼻黏膜面积大好几十倍。也就是说，狗鼻子密布着能感知气味的神经（嗅觉神经）。狗的嗅觉对不同的气味灵敏度不同，就个别气味来说，狗的嗅觉能力甚至可以高达人类的1亿倍！

警犬就能充分发挥自己超强的嗅觉帮助人侦查。它们能够通过人类无法感知的微弱气味，追踪到破案线索或者犯罪证据。

狗鼻子的结构

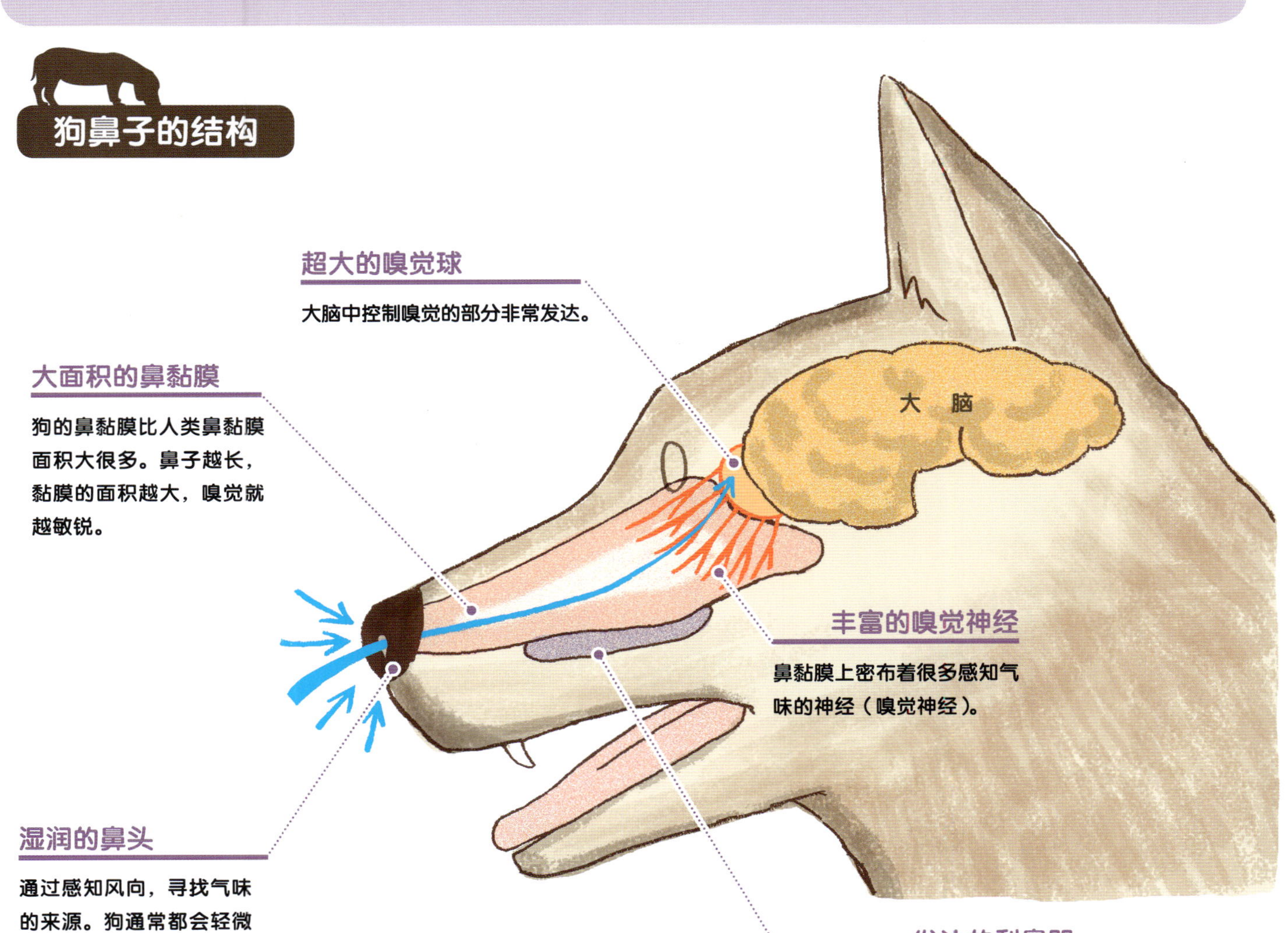

*激素：激素是动物为了传递信息而释放到体外的一些化学物质，如味道等。

动作表达小情绪

利用表情和动作，与同伴建立更加亲密的关系。

别生气啦，小伙伴！

想要让自己或同伴平静下来的时候，狗通常会使用以下6种“狗语”。特别是当小狗想要从不安中恢复平静或者让害怕的同伴冷静下来的时候，会做出④和⑤这样的动作。如果想要安抚愤怒的同伴，小狗的表现会如⑥所示。

②趴下。

①展示侧脸。

③闻地面的味道（探案环境变化的时候也会闻地面的味道）。

④用舌头舔鼻尖。

⑤打哈欠（困的时候也会打哈欠）。

⑥摇尾巴（高兴的时候也会摇尾巴）。

用犬语进行交流

就像我们人类用语言交流一样，狗会利用动作、耳朵、尾巴、叫声、表情等各种方式进行交流。

挪威的驯狗师发现，小狗会使用狗语安抚自己和同伴，甚至是自己的主人。我们把这种语言称为“安定讯号（calming signal）”。让狗狗保持平静的状态能够有效避免争斗。例如，缓慢转移目光避免对视，或者趴在地面上，就属于“冷静下来”的安定讯号。

对狗来说，看着对方的眼睛并迅速向对方跑过去，意思是“打一架吧”。不了解狗语的人，常常会用错误的方式接近小狗。

狗的主人，应该适当学习和解读狗语之后再与自己的爱犬愉快互动。如果想要安抚小狗，也可以尝试使用狗语哦。

来打一架，试试看！

狗在威胁对方或是想打架的时候，会做出以下3种表现。

①盯住对方的眼睛，笔直而快速地逼近。

②“汪汪”大叫。

③压在对方身上。

我的习性告诉你

不由自主地追赶小球，是远古时期狩猎生活留下的习性。

狗的典型习性

追球

许多小狗都喜欢追球。除此以外，有的狗还会不由自主地追赶小动物、跑步的人、汽车等。

划地盘

对于人类饲养的狗来说，主人家的住宅和庭院是自己重要的领地。所以当陌生人靠近的时候，它们会冲上前去“汪汪”大叫。

做标记

如果你对狗的行为不够了解，就很难分辨狗的普通小便和做标记的小便有什么区别。其实，如果狗频繁而少量地小便时，就是在做标记啦。

与生俱来的习性

许多狗看到飞出去的球，就会飞奔去追赶，这是狗天生就有的狩猎习性。特别是那些被培养做猎犬的狗，对飞出去的球反应敏锐。相反，被培养做牧羊犬的小狗，看到球毫无反应。虽然许多狗已经被人类驯化成了宠物，但是它们与生俱来的习性却依然存在。

带爱犬出门散步的时候，你有没有发现它们会频繁地四处小便？这样做的目的，首

先是要用带着自己味道的小便划清自己的领地，其次还可以给异性留下讯息。我们把狗狗的这种行为叫“做标记”。

狗会把自己族群生活的地点和周边地区当成自己的领地守卫着，不让陌生人入侵。正是由于这种习性，它们才会用小便标记出领地范围，警告陌生人：“不可再靠近一步！”

还有，狗在散步的时候，经常会把鼻子贴近地面闻来闻去。这也是它们的习性之一。它们一边慢慢走，一边闻味道，就能侦察到自己领地上的新变化。

无论是大狗还是小狗，都非常喜欢跟同伴玩耍。小狗们玩耍的时候，会骑在对方背上或是揽住对方的腰，这样的动作叫“骑跨行为(mounting)”。这是一种兴奋状态的表现。

鼻子贴近地面闻味道

狗遇到了陌生的东西，会很仔细地闻味道，甚至会咬一咬，看看到底是什么。

玩耍

狗和兄弟姐妹或是同伴在一起玩耍、奔跑追逐、相互抓咬，在互动中学会不误伤对方的游戏方法。

骑跨行为

狗在玩耍时，兴奋起来就会出现骑跨行为。有些小狗即使到了成年，也还是会骑在主人的小腿上，让人哭笑不得。这种时候，一定要小心应对，避免小狗过度兴奋或产生愤怒的情绪。最好安静地观察一会儿。

遵守规则要牢记

让爱犬明确相处的规则，才能与主人和谐共处。

遵守规则很重要

爱犬和主人都应该遵守的相处规则

①不能攀爬到主人身体上。
②不能站在比主人高的地方。
③不能与主人同床睡觉。
④不能在餐桌上吃饭。
⑤即便爱犬想要坐在主人的位置上，此时主人也不应该让座。

爱犬与家人之间的相处规则

从我们把小狗接回家里开始，小狗就会把我们人类家庭当作自己的族群。因此，主人应该像群族首领那样采取行动。

首先要定好规则，然后全家人严格执行。一定要让爱犬学会遵守家庭规定，人犬之间才能和谐相处。如果爱犬遵守规则，就要给予适当的表扬和奖励；如果爱犬违反了规则，主人应该向它表达“这样做不对”。应该对爱犬进行日常训练，让它们学习“等等”“坐下”等简单的命令。

狗的行为，很多时候都受到主人的影响。对狗来说，理想的主人应该是沉着冷静、有领导力、可以理解狗语言的人。当爱犬与主人之间建立了相互尊重的关系，小狗自然而然就乐于听从主人的命令了。

遵守规则时，给予适当的表扬和奖励

①给一些小零食。

②表扬、抚摸、亲昵的态度。

③陪爱犬一起玩耍、散步。

违反规则时，主人的态度要明确

①小狗跑过来的时候，背朝小狗，假装不理睬。等小狗停止胡闹，再给予表扬。

②不要朝爱犬喊叫或者打它，这样只能让爱犬感到恐惧。

③寻找爱犬违反规则的原因，看看是否压力过大等。

增进关系的训练

“坐下”的训练

爱犬应该进行必要的训练，保证何时何地都会服从主人的命令。但是对于那些完全不配合训练的爱犬，也无须勉强。

①把零食放在爱犬的鼻子前，让它闻味道。然后把零食移动到爱犬头顶，它的鼻子也会跟随零食向上移动。

②爱犬抬头的时候，腰自然会下沉。当它顺势坐下以后，应该把零食奖励给爱犬。如果它还能坚持坐一会儿，要继续表扬。

③当爱犬学会“坐下”的姿势以后，主人可以尝试手势和“坐下”的口令继续训练。

身体健康有活力

边玩耍边做健康检查，爱犬的身体状况了解一下！

爱犬的健康管理

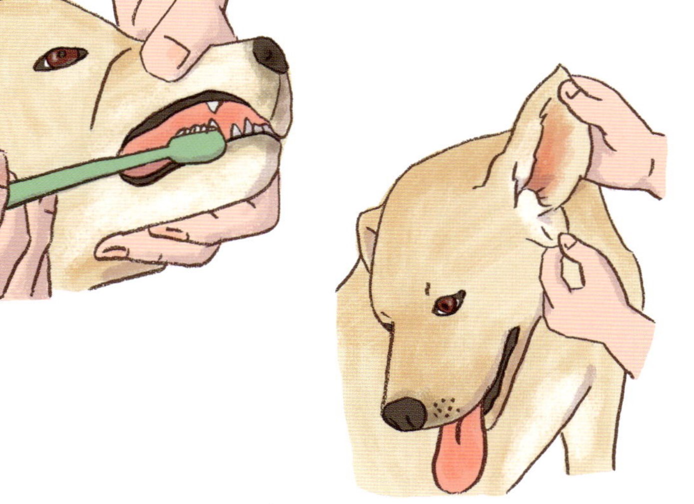

勤刷牙

握住爱犬的下巴，用宠物专用牙刷和牙膏刷牙。最好每天都帮爱犬清洁牙齿，保护口腔健康。

看眼睛

检查眼白是否发炎变红，是否眼眵过多。如果是长毛犬，还应该特别注意是否有发毛钻进眼睛里。

掏耳朵

注意观察外耳道里是否有耳屎或毛团，每隔一小段时间，用棉签帮爱犬清洁耳道。特别是耳朵下垂的狗，更应该多关注耳道卫生。

健康管理及发现疾病

我们都希望爱犬一直健健康康。所以，除了日常检查健康状况以外，主人还应该带爱犬去专业的宠物医院进行定期体检。一定要按时接种疫苗，服用驱虫药，及时预防疾病。

另外，应该根据爱犬的自身状况，选择适合它年龄和体重的犬粮。玩耍和散步可以保证爱犬每天适当的运动量，有助于爱犬健康成长。关注狗狗的食欲、进食方式、玩耍的状态等，都能帮助主人判断爱犬的健康状况。关注爱犬的日常，能够及时发现它们是否患病。

给狗狗刷牙和洗澡也是非常必要的，这

日常健康细观察

玩耍的时候

与爱犬互动的过程中，注意它的体重是否发生了急剧变化，短期内体型是否有明显改变，是否频繁舔咬自己的身体某处。

散步的时候

观察爱犬是否精力充沛，小便和大便的颜色、性状、分量有无异常。

吃饭的时候

确认狗狗的食欲是否正常，有没有暴饮暴食或拒绝进食。也要注意饮水量是否有明显改变，有无过多或过少的现象。

样不仅可以保证爱犬的清洁和健康，也能增进爱犬和家人的亲密感情。在洗澡的过程中抚摸狗狗的身体，也可以顺便检查皮肤上是否有外伤和寄生虫*等。帮助爱犬养成刷牙的好习惯，刷牙的同时检查牙齿和口腔健康。

不过，即便你十分用心照顾爱犬，也无法完全避免它生病。如果发生了原因不明的呕吐、腹泻和皮肤瘙痒等症状，请务必到附近的宠物医院及时就诊。

*寄生虫：寄生在动物皮肤表面或身体里，依靠吸收宿主身体里的营养生存。例如，蛔虫、钩虫、丝虫等。

亚洲名犬

在日本，柴犬是国宝呢。

柴犬

资料

特点鲜明的卷尾巴

身高	35~41厘米
体重	7~11千克
特征和性格	原产于日本的中型犬。古时候曾经作为猎犬与人为伴，现在在日本受到极大的重视和保护。柴犬活泼开朗、聪明伶俐，但有时候也很顽固，需要反复教导，它才能遵守规则。

京巴犬

资料

源自中国古代宫廷的玩赏犬

身高	约25厘米
体重	2~3千克
特征和性格	京巴犬又叫北京犬，喜欢一直与主人在一起，性格稳重，可以在比较狭小的空间中生活。与其他品种的狗相比，京巴犬显得有些胆小怯懦。主人可以带领它从小适应各种不同的环境。

※狗的实际身高和体重，存在公母差异和个体差异。本书中标注的是成犬的标准身高和体重。

巴哥犬

资料

脸皱皱的小型犬

身高	28~33厘米
体重	6~8千克
特征和性格	原产于中国，善于社交，喜欢与人类和其他狗互动。性格开朗，是一种易于饲养的宠物犬。

西施犬

被毛丰富且几乎不脱毛，适合敏感体质的主人饲养

身高	22~26厘米
体重	5.5~7千克
特征和性格	西施犬原产于中国西藏，是一种长毛宠物犬。许多主人都喜欢在西施犬头上梳小辫儿，时髦可爱。西施犬一般性格稳重，态度友好。

松狮犬

长相和性格适合做守门犬

身高	41~55厘米
体重	18~22千克
特征和性格	在中国古代，松狮犬曾经作为守门犬、猎犬、雪橇犬等。松狮犬对主人爱得深沉，但是完全不黏人。

英国名犬

英国王室酷爱狗狗，
因此，英国人工繁育出了很多新的犬种。

粗毛牧羊犬

资料

因电影《灵犬莱西》而出名

身高	56~66厘米
体重	23~34千克
特征和性格	祖先是生活在英格兰和苏格兰地区的牧羊犬，毛发又长又多。热爱运动，头脑聪明，可以接受多种训练。

威尔士柯基犬

资料

英国培育出的短腿犬

身高	25~30厘米
体重	8~11千克
特征和性格	威尔士柯基犬是为了满足可以追赶羊群和牛群的要求而培育出的畜牧犬。为了让家畜踢不到它们，特意把威尔士柯基犬培育成了“小短腿”。它们性格开朗活泼。

拉布拉多猎犬

资料

注意力能高度集中

身高	54~62厘米
体重	24~36千克
特征和性格	经常作为猎犬、警犬、导盲犬等。喜欢工作，温柔稳重，讨人喜欢。

米格鲁猎兔犬

资料

长长的垂耳很有特色

身高	33~38厘米
体重	8~14千克
特征和性格	米格鲁猎兔犬也叫比格犬，嗅觉敏锐，猎兔时能发出各种不同的叫声，是非常优秀的小猎犬。米格鲁猎兔犬还是史努比的原型呢！它们感情丰富，头脑聪明。

斗牛犬

资料

为了战斗而被培育出凶悍的面孔

身高	30~35厘米
体重	23~25千克
特征和性格	古时候曾经作为斗牛犬工作。斗牛犬感情丰富、性格慵懒，但偶尔也会表现出固执的一面。

德国名犬

在警犬界大显身手的德国牧羊犬，就是原产于德国的犬种。

德国牧羊犬

资料

德国的象征	
身高	56~66厘米
体重	35~40千克
特征和性格	名扬世界的犬种之一。经常作为牧羊犬、警犬、军犬和导盲犬等。擅长学习，性格沉着，智勇双全。

杜宾犬

资料

擅长守护主人	
身高	61~71厘米
体重	30~45千克
特征和性格	德国征税官路易斯·杜宾曼为了保护自己的安全，培育出了杜宾犬。杜宾犬常作为警犬和军犬。它们对自己的主人十分忠诚，易于训练。饲养杜宾犬，日常应多给它们运动和动脑的机会。

迷你雪纳瑞犬

资料

长长的眉毛和胡子	
身高	30~35厘米
体重	4~8千克
特征和性格	原本是在农场里负责捉老鼠的犬种。身体素质较好，易于饲养。性格活泼可爱，喜欢运动和玩耍。

博美犬

资料

身材小巧，个性强势	
身高	18~28厘米
体重	1.8~3千克
特征和性格	精力充沛、感情丰富的小型犬。个性通常比较强势，饲养时需多加管教，避免它为所欲为。

腊肠犬

资料

以长身体和小短腿著称	
身高	20~23厘米
体重	9~12千克
特征和性格	腊肠犬善于钻洞，捕猎獾和兔子等小动物，是热爱运动、聪明伶俐的犬种。

法国名犬

可爱的贵宾犬，竟然是猎犬出身。

贵宾犬

资料

像玩具一样可爱的小型犬	
身高	约25厘米
体重	3~4千克
特征和性格	祖先是捕鸭子的猎犬，经人工繁育，体型更加娇小。贵宾犬需要频繁剪毛。聪明异常，能学会表演很多小节目。它们常常与家庭中的某一位成员形成非常亲密的关系。

布里犬

资料

全身长毛的牧羊犬	
身高	56~68厘米
体重	23~45千克
特征和性格	布里犬是法国传统牧羊犬。为了避免长毛打结，需要定期梳理。布里犬非常喜欢工作和散步。

蝴蝶犬

资料

可爱的耳朵像蝴蝶

身高	20~28厘米
体重	1.5~3千克
特征和性格	蝴蝶犬美丽可爱的样子十分吸引人，因此成了古代法国贵族的宠物犬。它们精力充沛，是擅长运动的小型犬。

布列塔尼猎犬

资料

精力旺盛的猎犬

身高	45~52厘米
体重	14~18千克
特征和性格	生活在欧美地区，是一种“万能猎犬”，可以捕捉各种猎物。善于运动，非常喜欢协助人类工作。

法国斗牛犬

资料

不知畏惧的小型犬

身高	28~36厘米
体重	8~14千克
特征和性格	由小型斗牛犬人工培育出来的新犬种。性格强势，容易兴奋。

世界各地名犬①

由于原产国不同，有的狗天生耐寒，而有的狗则比较怕冷。

马尔济斯犬

资料

历史悠久的白色小型犬	
原产国	马耳他
身高	20~25厘米
体重	1.8~4千克
特征和性格	早在几千年前，马尔济斯犬就已经与人类一起生活了。它们全身披覆如丝般顺滑的长毛。性格爽朗，非常喜欢抱抱。

圣伯纳犬

资料

优秀的搜救犬	
原产国	瑞士
身高	65~90厘米
体重	55~81千克
特征和性格	生活在瑞士与意大利交界地区，被人工培育成搜救犬。当有人在雪山遇险时，圣伯纳犬可以担任非常优秀的搜救员。它们性格淡定、平和，喜欢在宽阔的空间自由自在地生活。

萨摩耶犬

资料

微笑天使

原产国	俄罗斯
身高	48~60厘米
体重	16~30千克
特征和性格	继承了西伯利亚游牧民族饲养的猎犬和雪橇犬的血统。因为陪伴挪威和英国等南极考察队队员们一起工作，所以享誉世界。

大麦町犬

资料

美丽的斑点遍布全身

原产国	南斯拉夫
身高	48~58厘米
体重	22~25千克
特征和性格	据说大麦町犬曾经与马并肩前行，作为护卫犬精力旺盛。大麦町犬聪明伶俐，擅长社交。

意大利灵缇犬

资料

体型纤细而健壮

原产国	意大利
身高	3~38厘米
体重	3~5千克
特征和性格	深受欧洲贵族的宠爱，非常善于行走。性格稳重，感情丰富，好奇心强。

世界各地名犬②

在亚洲人气超高的吉娃娃，
原产地竟然是墨西哥？

资料

美国的犬界绅士	
原产国	美国
身高	35~38厘米
体重	7.7~11千克
特征和性格	由斗牛犬和牛头㹴交配*而来的犬种。身体健康，喜爱玩耍，善于交往，喜欢和人类在一起。

资料

充沛的体力和优异的协调性	
原产国	俄罗斯
身高	51~57厘米
体重	16~27千克
特征和性格	原本是西伯利亚地区的雪橇犬，远渡重洋来到美国以后开始出名。它就是我们熟知的哈士奇。有的个体会出现左右两只眼睛颜色不同的情况。它们情感丰富，喜欢群居，不愿意离开与家人或同伴共同生活的环境。

*交配：公母结合。本书中是指培育新犬种。

吉娃娃

资料 世界上最小的犬种

原产国	墨西哥
身高	16~22厘米
体重	2.5~3千克
特征和性格	身材小巧是吉娃娃的代表特征。吉娃娃一般比较长寿，性格强势。饲养时需要注意管教，避免任性。

秘鲁无毛犬

资料 早在印加帝国建立之前就存在的犬种

原产国	秘鲁
身高	41~50厘米
体重	8~12千克
特征和性格	秘鲁无毛犬早在几千年前就被人类发现，它们几乎全身没有毛发。大、中、小型都有。秘鲁无毛犬很机警，不会对陌生人放松警惕。

萨路基猎犬

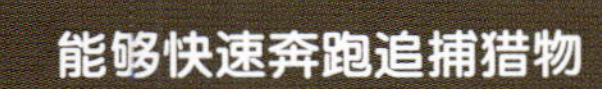

资料 能够快速奔跑追捕猎物

原产国	伊朗
身高	58~71厘米
体重	23~27千克
特征和性格	是世界上最古老的犬种之一，现在仍然是优秀的猎犬。沉着冷静，注意力高度集中，喜欢独立思考。

图书在版编目（CIP）数据

送给孩子的宠物小百科. 狗狗来了 / (日) 小野寺佑纪著；张岚译. —沈阳：辽宁科学技术出版社，2022.7
ISBN 978-7-5591-2227-8

Ⅰ. ①送… Ⅱ. ①小… ②张… Ⅲ. ①家庭 - 宠物 - 儿童读物②犬 - 儿童读物 Ⅳ. ①TS976.38-49

中国版本图书馆CIP数据核字(2021)第172170号

出版发行：辽宁科学技术出版社
（地址：沈阳市和平区十一纬路25号　邮编：110003）
印 刷 者：凸版艺彩（东莞）印刷有限公司
经 销 者：各地新华书店
幅面尺寸：210mm × 260mm
印　　张：3
字　　数：80千字
出版时间：2022 年7月第1版
印刷时间：2022 年7月第1次印刷
责任编辑：姜　璐　许晓倩
封面设计：许琳娜
版式设计：许琳娜
责任校对：徐　跃

书　　号：ISBN 978-7-5591-2227-8
定　　价：45.00 元

投稿热线：024-23284365
邮购热线：024-23284502
E-mail:1187962917@qq.com

不可思议的动物图鉴

从出生到成长，从捕食到竞争，从婚育到筑巢，还有跨越物种的共生……动物生存的秘技令人惊叹。

从体貌的进化到体貌的特点，从体型的差异到体型的作用……揭秘千姿百态的动物体貌。

动物如何获取美食？动物怎样保护自己？动物为了生儿育女做出了哪些努力……揭开动物各种行为背后的秘密。

奇幻大自然探索图鉴

“大小”“重量”“速度”“强弱”“智慧”等，各种关于恐龙的新发现！这是一本以历史事实和科学根据为基础创作的新型幻想科学图鉴！

深海生物、沉没的古代文明、超级大陆……跟着这本图鉴，环游地球一圈儿，乘着潜艇去探索地球神秘地带吧！

如果跳蚤和蜘蛛等身边的生物变得力量强大……从这种不可能的设定入手，这本充满新感觉的图鉴不仅介绍了山野和大海里的危险生物，还告诉我们其实近在咫尺的生物也很危险。

如果珍稀动物和人类比赛的话……通过各种各样的奇妙对决，带小朋友了解世界各地的珍稀动物。充满惊喜的幻想科学图鉴，让世间奇妙的动物们展开巅峰对决！

一"汪"而知

不可思议的活力

人类的某些食物，狗吃了可能会发胖，有些食物甚至会使小狗丧命。

这些食物绝对不可以给狗吃！

人类餐桌上的美味，不一定适合给狗吃。有的食物会引起小狗肠胃不适，有的食物小狗吃了会生病。

比如，狗吃了巧克力和可可会导致腹泻、呕吐等，大量食用甚至会夺走小狗的生命。所以，这些食物绝对不能给狗吃。

家人和朋友乱喂你的爱犬，或者我们不小心掉在地上的食物被小狗捡走吃掉，都是很危险的事情。主人们一定要小心哦！